漢字探祕之旅系列 ❷

漢字的統一

在成長・幾點創作中心 編

中華教育

推薦序一

不得不佩服「動力種子」講故事的能力。

漢字傳承中國文化數千年，舉世聞名，千百個有關漢字來龍去脈的故事已經廣為流傳，有誰還會失諸交臂呢？我問自己：這個時候再來一個漢字故事系列，會不會太重複、太沉悶了？

想不到這《漢字探祕之旅系列》，卻是意料之外的清新。它精選了漢字的特性和一路因應時代轉變而改進的特點，把歷史人物和史實都融入了故事當中，帶着讀者穿越數千年，重新認識漢字的前世今生。故事節奏跳脫利落，讀完之後竟有「輕舟已過萬重山」的舒暢感覺。

我帶着好奇，深入探討為甚麼這系列可以帶給我這般意外的良好感覺。發現此系列的製作團隊都是有識之士，而且特別重視教育，專注兒童心智發展。因此在海量的素材中，他們知所取捨；同時非常重視考究史實，避免謬誤。製作團隊求教專家顧問之路，足跡遍及相關的圖書館、研究院、博物館等，務求準確。故事中的主角卻又活在今天的科技世界中，與讀者同感受同呼吸，怪不得感覺輕快暢順呢！

即將推出的電子版本，必將為這部優秀的漢字文化讀物增添更多可能。憑藉河南在成長信息技術有限公司的數字技術專長，相信很快我們就能欣賞到更加生動形象的《漢字探祕之旅系列》。這無疑為新時代的課外閱讀掀開了全新的一頁。

沈雪明教授

香港大學社會科學學院前院長

香港耀中幼教學院創校校長

推薦序二

中文被外國學者評為世界最難學的語言，另一方面，很多中國學者都認為中文是字本位。學習中文最大的難關是認字和寫字，河南在成長信息技術有限公司有見及此，集中力量幫助孩子和他們的父母認識漢字，編寫《漢字探祕之旅系列》。 本系列替孩子們打開漢字神祕之門，讓孩子們回到過去，帶領他們從漢字的起源，經歷不同時代漢字的變化：繪圖、甲骨文、鐘鼎文、大篆、小篆、隸書，等等。漢字和中國歷史一同演變和發展，漢字的成長就是一套歷史長劇。

這一套漢字歷史長劇，故事性濃厚，引人入勝，必定引起孩子們的興趣，對學習漢字引起動機。興趣就是良好學習的開始。

河南在成長信息技術有限公司總部位於河南，而河南安陽發現了大量甲骨文和鐘鼎文，中國最大的漢字博物館也建於河南。在河南研究漢字的發展，有地利的優勢。《漢字探祕之旅系列》在河南寫成，漢字資源豐富，就成為本書的特點之一。

本系列一方面故事性強，但另一方面，內容資料都經過嚴密考證，是科學性很強的著作。孩子最喜歡看動畫，本書插畫精美，畫工栩栩如生，深信孩子一定喜歡，我也愛不釋手呢！

漢字之門已打開了，請帶你們的孩子和學生走進漢字之門，探索漢字奧祕，開始一個愉快歷程。引動他們學習漢字的興趣，以後就不會害怕默書和寫字了，他們也喜歡學習中文，各學科的門也同時打開，原來中文並不難學。

謝錫金教授

香港大學教育學院前副院長

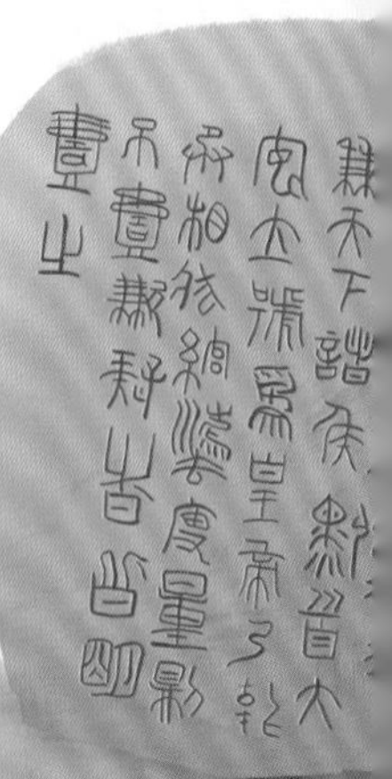

探祕小隊衝破重重雲層，來到了一個新的時代。

兔妹的手錶嘀嘀響了起來。「哇，時間來到了公元前500年。」

這時蓮小鶴指着下面對小朋友們說：「這就是中國歷史上第一個文化大繁榮時期——春秋戰國時期。這個時期形成了很多的小國家，並且出現了最早形式的書本——竹簡。隨着文字的廣泛使用，文化的交流也得到了很大的促進，同時也誕生了很多著名的大思想家，有孔子、老子等。這一時期還發生了如商鞅變法、屈原投江等很多著名的歷史事件，這些都被文字記錄了下來。」

中石聽了以後興奮地說：「太精彩了，我們趕快下去看看吧！」

可是當小朋友們到了以後，卻發現這裏到處都是一片兵荒馬亂的景象。

突然，從遠處傳來一陣吶喊聲，小朋友們嚇得趕緊躲在了石頭後面。一個騎着高頭大馬的人率領着軍隊，正在奮力拚殺。

兔妹悄悄地問：「好威風啊！他是誰呢？」蓮小鶴回答：「這就是秦始皇，在這場多國的戰亂中，是他最終率領秦國統一了齊、楚、燕、趙、魏、韓這六國，成為了中國歷史上第一個皇帝。」

蓮小鶴把一卷寫有文字的竹簡交給了小朋友們。

「現在竹簡已經替代甲骨，作為文字書寫和記錄的材料了。你們這一次的挑戰，就是認出這卷竹簡上寫了甚麼內容。」蓮小鶴說。

兔妹看了看，說：「我怎麼看不懂啊！」

蛋撻說：「這些文字跟我們在倉頡叔叔那裏看到的不一樣。」

風仔說：「我們一起去那邊的咸陽城裏找找線索吧。」

於是，探祕小隊朝着咸陽城出發，一路上看到了許多穿着不同國家衣服的人們，他們之中有趕着馬車的農民，有做生意的商人，還有穿着盔甲的士兵，都在陸陸續續地往城裏走。

小朋友們剛一進城，就被城裏混亂的景象驚呆了。只見米店門口，有一個人生氣地說：「我買了一斤米，回家一稱只有八兩。你這黑店，我要去官府告你！」米店老闆不服氣地高聲說：「我們國家的一斤就是這麼多，你去告官我也不怕。」

在藥房門口，一個楚國人說：「老闆，我要抓藥。」可是賣藥老闆卻說：「你這是楚國的藥方，我一個字也看不懂啊……」

小朋友們又來到一個書館門口，問那裏的書生們是否認識竹簡上的文字。「這個好像是『馬』字。」「『馬』字可不是這樣寫的！」「別吵啦，在秦國，一個『馬』字有六七種寫法很正常。」幾個書生看着竹簡上的文字爭論不休。

蓮小鶴趕忙解釋說：「你們看，雖然秦始皇統一了六國，但是各個國家的文字、量器卻還沒有統一，所以人們的生活很混亂。」

「看來這些書生們也看不懂竹簡上寫的是甚麼……不如我們去皇宮裏找人問問吧。」風仔提議。

在蓮小鶴的一路保護下，探祕小隊藉着各種掩護成功地溜進了皇宮，卻正好看到讓人膽戰心驚的一幕。

朝堂之上，秦始皇正在為政令推行不順而大發雷霆，說:「朕的法令都頒佈這麼多天了，竟然到現在還沒有推行到各地執行！朕要治你們的罪！」

跪在下面的一個大臣顫抖着說：「陛下饒命！現在各地使用的文字，與我秦國的大篆文字並不相同，所以各地方的官員都看不懂政令內容……這就需要先將我大秦文字翻譯成各個地方的文字，才能進行溝通交流，所以效率才會如此低下啊。」

這時，丞相李斯前來面見秦始皇。李斯對秦始皇說：「陛下，大秦雖已統一，國內居住着七國百姓，可是大家都還在使用着原來國家的文字和度量衡，所以才導致了政令不通、商貿受阻、教育混亂的情況。」

秦始皇思考了一會，說：「天下既已統一，文字也該統一。李斯，統一文字的事情就交給你了！」

李斯答道：「遵命，微臣願為陛下解憂。」

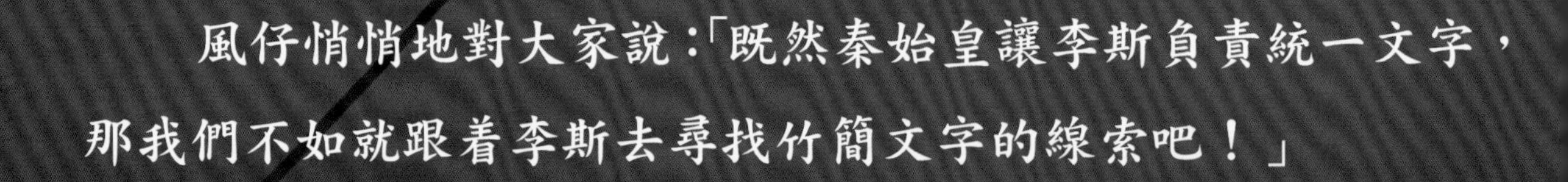

風仔悄悄地對大家說：「既然秦始皇讓李斯負責統一文字，那我們不如就跟着李斯去尋找竹簡文字的線索吧！」

於是，小朋友們離開了皇宮，悄悄地跟隨着李斯的馬車，跟他一起回了家。

回到家的李斯立即來到書房，吩咐下人說：「秦國現在使用的大篆文字，在字形上太過複雜，我要對它進行改造。你們速速去收集各地使用的其他文字，我要用作參考。」

蓮小鶴告訴小朋友們：「大篆據傳是由周朝的太史籀所創，他還用大篆寫成了《史籀篇》，那可是我國最早的識字書呢。」中石自豪地說：「哇，這不就是最早的課本了嘛。」

小朋友們正躲在書櫃後熱烈地討論着，殊不知李斯早就發現了他們。「出來吧，小傢伙們！你們想要做甚麼？」

風仔把竹簡遞過去問：「李斯叔叔，您知道這竹簡上面寫的文字是甚麼意思嗎？」

李斯看了一會兒說：「嗯……我看不懂。不過這些字形看起來很有趣，不如你們留下來，幫我一起研究統一的文字，或許過程中也會找到你們的答案。」

小朋友們高興地齊聲答應：「好！」

之後的幾天，記錄着各地文字的竹簡被陸續運送到李斯家中，小朋友們熱情地一起來幫忙。

兔妹氣喘吁吁地說：「竹簡好重啊……」

中石說：「那當然啦，每一卷竹簡可都是一本書呢。」

各地文字收集完成後，李斯便開始專心研究起來。小朋友們也攤開一些竹簡來看。兔妹笑着說：「這些都是甚麼字啊，好像小蝌蚪，哈哈哈。」風仔看了半天，皺着眉說：「看起來好複雜啊，我一個字也看不懂。」

李斯夜以繼日地研究如何改造大篆，小朋友們陪伴在李斯身旁。

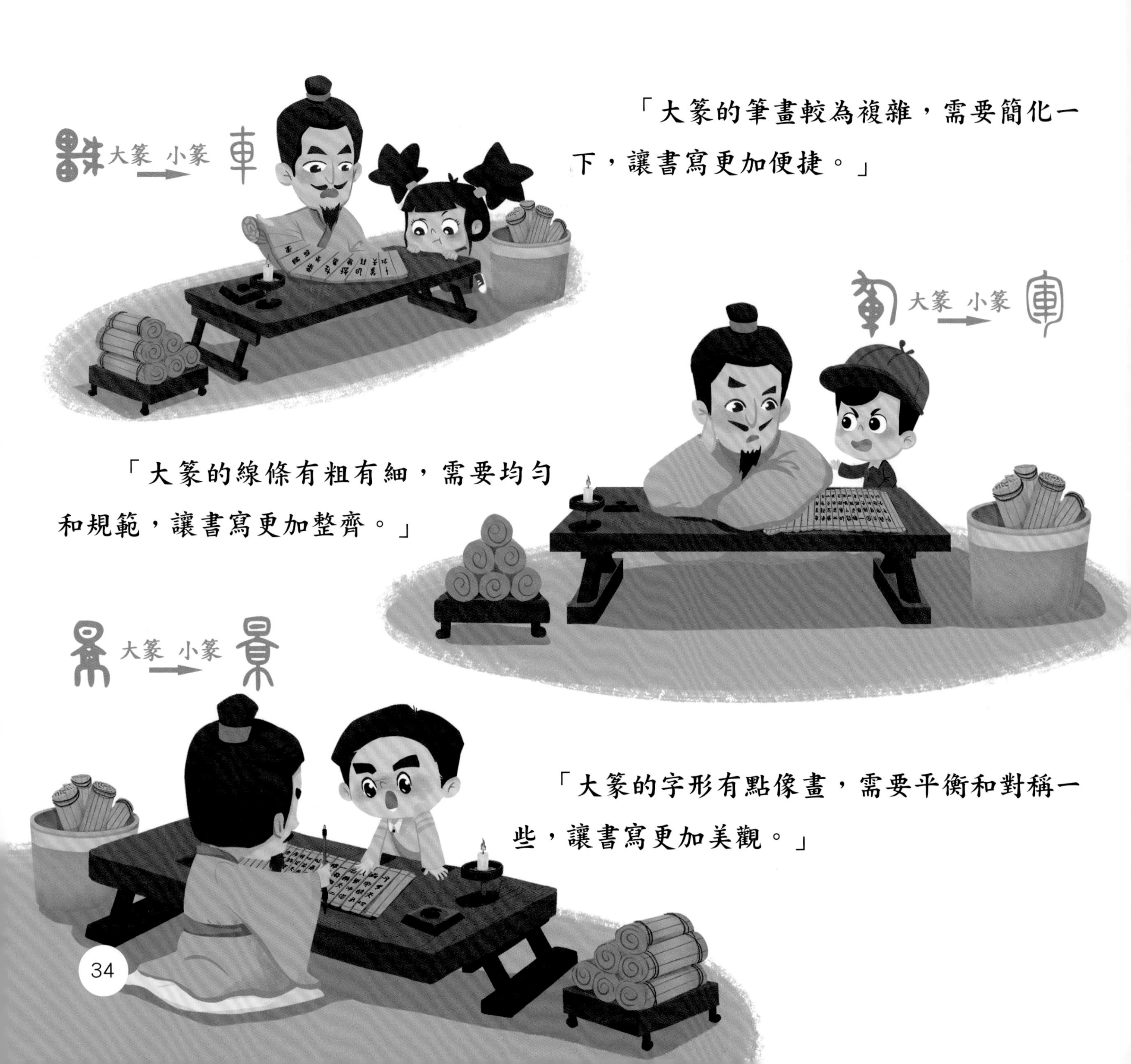

「大篆的筆畫較為複雜，需要簡化一下，讓書寫更加便捷。」

「大篆的線條有粗有細，需要均勻和規範，讓書寫更加整齊。」

「大篆的字形有點像畫，需要平衡和對稱一些，讓書寫更加美觀。」

最後，李斯終於將大篆改造成了一套新字體。「成功了！這套新字體一定可以統一我大秦的文字，我要趕緊去面見陛下。」李斯激動地說。

李斯向秦始皇介紹並展示了他創造的新字體——小篆。

李斯說：「陛下，臣將大篆進行了規範和簡化，改良創造了這套『小篆』字體，其筆畫清晰，結構齊整優美，非常適合全國統一使用。」

秦始皇看過之後很是喜悅：「甚好！從現在起，廢除六國古文，全國推行小篆。」

小篆特點

- 字形多為長方形，每個字大小一致
- 筆畫橫平豎直，粗細均勻
- 結構均衡，有很強的空間對稱感
- 線條流暢圓潤，看起來很優雅

秦始皇接着派人用小篆撰寫了《倉頡篇》《爰歷篇》《博學篇》三本書，作為推行小篆的識字課本，並下令在全國各地建造刻有小篆的石碑，用來讓全國人民學習小篆。

小篆統一推行使用後，秦國各處都出現了新氣象。老百姓們高興地表示：「現在頒佈的新法令，我們都能看得懂啦！」商人們也都說：「文字統一了，我們在全國各地做買賣也就更加方便了！」

風仔興奮地說：「全國都使用統一的小篆文字，人們交流起來就順暢多啦！李斯叔叔，這都是您的功勞啊！」李斯笑着說：「我也要感謝你們的幫助啊。」

小朋友們再次拿出蓮小鶴給的竹簡，詢問李斯上面所寫文字的意思。李斯看了一下，大笑着說：「哈哈，此文字不正是我所創造的小篆嘛！這上面寫的是『請各地進獻寶馬』。」

小朋友們齊聲高喊：「太棒了，我們終於解密成功啦！謝謝李斯叔叔！」

中石撓着頭問：「可是小篆和我們現在的漢字也還是不一樣啊。」

蓮小鶴笑着說：「秦朝後來有一個叫程邈的人，又將小篆進行了改良，創造出了隸書。漢字發展到了隸書，在字形上已經跟如今的漢字基本一致了。」

弘揚漢字文化

小篆

弘揚漢字文化

風仔說：「秦朝人真是太了不起啦！」

這時，神奇的動力種子再一次跳了出來：「恭喜你們，成功探索了漢字統一的發展階段。從大篆到小篆，再到隸書，漢字的字形終於從古文字發展到今文字了。後來，有個學者專門對漢字的字音和字義進行了研究整理，編著了一部中國歷史上最早的『大字典』，給這些漢字找了一個『家』。那裏又將有新的冒險在等待着你們。」